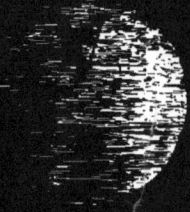

UN SPECTRE NOIR

VU DE PRÈS

PAR

M. JULES BARSE

CHIMISTE

Il s'agit de soustraire le vieux monde à un
servage que lui prépare le nouveau.

❖◦◦◦❖

PARIS

CHEZ L'AUTEUR, 167, BOULEVARD MAGENTA

—

MAI 1864

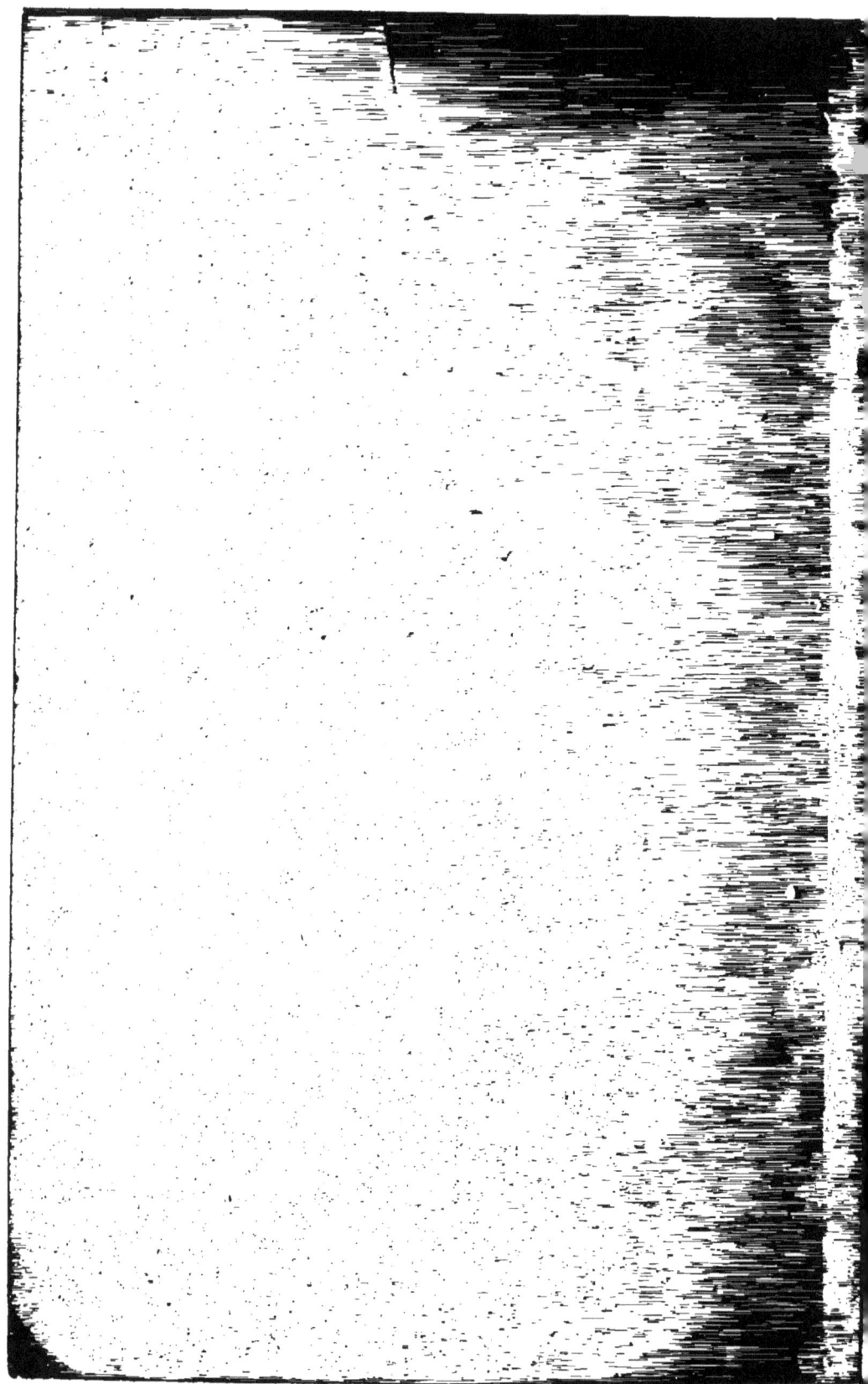

UN SPECTRE NOIR

VU DE PRÈS

PAR

M. JULES BARSE

CHIMISTE

Il s'agit de soustraire le
vieux monde à un servage
que lui prépare le nouveau.

(Extrait du *Journal de l'Éclairage au gaz*

——◦◊◦——

PARIS

CHEZ L'AUTEUR, 167, BOULEVARD MAGENTA

—

MAI 1864

C.

UN SPECTRE NOIR

VU DE PRÈS

————•◦◦◦•————

I.

Avant qu'il soit dix ans, si nous n'y mettons bon ordre, l'éclairage public et privé en Europe sera soumis à des crises périodiques dont les effets désastreux dépasseront ceux du blocus continental pour les sucres et ceux de la guerre d'Amérique pour les cotons.

·Pour que cette fatale prédiction se réalise, il suffit que l'Europe continue de favoriser avec la même insouciance de l'avenir le développement déjà formidable du commerce des huiles minérales exotiques, au détriment des huiles minérales indigènes.

Il est incontestable aujourd'hui que la somme de luminaire en même temps la plus grande, la plus saine, la plus portative et la moins coûteuse se trouve dans un litre d'huile minérale parfaitement épurée, livrée au commerce au prix de 70 centimes et brûlant dans des appareils parfaits.

Avant dix ans, nous serons tous familiarisés à l'odeur de l'éclairage minéral, comme nous nous sommes successivement familiarisés à l'odeur de la houille et du coke brûlant dans nos foyers à la place du bois ; à l'odeur du gaz brûlant à la place des huiles et des bougies ; nous aurons généralement supprimé jusqu'au gaz, dont l'installation exige de grands capitaux, dont l'usage réclame l'assujettissement le plus servile du fabricant et du consommateur ; et si l'éclairage au gaz courant subsiste quelque part, il sera fait par de l'air pur circulant dans les tuyaux jusqu'aux becs brûleurs, où il trouvera à se saturer d'éléments lumineux dans un réservoir d'huile minérale.

Je n'exagère pas : le progrès est là, le progrès s'accomplira ; le progrès sera avantageux ou fatal à l'Europe, suivant que l'Europe aura pris, pour l'accomplir, le parti de tirer l'huile minérale de son sol ou du sol étranger.

Nous sommes en ce moment arrivés au point de bifurcation qui nous ouvre à tous la bonne et la mauvaise voie : Italiens, Allemands, Français, nous sommes encore libres de choisir.

Nous pouvons nous consacrer au développement de l'exploitation normale, régulière de nos bogheads, de nos schistes, de nos houilles en y apportant mutuellement notre génie, nos bras, nos capitaux pour fonder chacun chez nous l'éclairage minéral auquel appartient l'avenir, sur des bases que ne pourront ébranler ni la guerre, ni les combinaisons fiscales des tarifs internationaux , ni la fièvre de la spéculation.

Nous pouvons également continuer de nous livrer aveuglément à la remorque des spéculateurs du jour, dont la maxime « *après nous le déluge* » fait en ce moment, en vue d'un monopole prochain, les sacrifices inouïs que nous voyons, pour faire disparaître l'industrie des huiles minérales indigènes sous le flot des huiles minérales d'Amérique dont on nous inonde.

Je demande qu'on me laisse agrandir l'horizon des gens à courte vue sur les conséquences de l'adoption de l'une ou de l'autre voie qui nous est ouverte en ce moment. Qu'on se rassure, la discussion dans laquelle je m'engage ne me conduira pas à la nécessité d'une restriction quelconque de la liberté commerciale.

Mon but est de démontrer, et j'ai foi dans mes moyens d'y parvenir, que les huiles minérales d'Amérique, tout inépuisables et nombreuses qu'en soient les sources, ne sont *réellement* pas plus en état de faire concurrence aux huiles minérales indigènes à prix et mérite égal, qu'un tonneau d'eau du Mississipi ou du Saint-Laurent ne peut réellement faire concurrence à un tonneau d'eau de la Seine à Paris, ou du Danube en Allemagne ;

Que la concurrence dont les huiles minérales exotiques menacent cependant de plus en plus les huiles indigènes, repose uniquement sur des éléments factices, sur des sacrifices transitoires faits en vue d'un monopole futur ;

Que les espérances du succès de l'Amérique sur l'Europe s'évanouiront quand nous voudrons voir la question grosse comme elle l'est, grosse comme la voient les Américains et leurs entremetteurs ;

Que nous resterons maîtres de nos approvisionnements de cet objet de première consommation, quand nous voudrons appliquer le génie industriel et commercial qui ne nous manque pas, à la mise en scène de nos produits, au lieu de nous livrer pour l'éclairage, comme nous l'avons fait et ne le ferons plus, pour les cotons, aux Américains qui nous éblouissent par la mise en scène des leurs.

Je m'attaque à forte partie ; même en ayant raison, je ne forcerai pas mes adversaires à en convenir ; les uns garderont à mon endroit un silence qu'ils voudront faire croire dédaigneux et qui ne sera que prudent ; les autres continueront de sacrifier l'intérêt national à leurs intérêts privés et défendront leur cause avec d'autant plus de violence que je l'aurai rendue plus mauvaise.

Mes arguments seront les chiffres et les faits : évidemment je ne pourrai pas me dispenser de signaler comme manœuvres tendant à fausser l'opinon publique, certaines œuvres de charla-

tanisme employées au profit des huiles américaines.

Je ne pourrai pas me dispenser davantage de
jeter certaines vérités fort dures dans le camp
de nos producteurs indigènes, si mal gardé
que l'ennemi a pu l'envahir et menacer d'en
faire table rase.

Donc je risque très fort de n'avoir pour moi
que moi-même, à moins que je ne gagne à mon
opinion, comme je l'espère, tous ceux qui, pour
suivre cette discussion, apporteront le même
désintéressement que moi.

II.

L'industrie de l'éclairage par les huiles minérales date, qui le croirait, au peu de progrès
qu'elle a fait en France? d'une trentaine d'années. A l'époque où les partisans du quinquet
poursuivaient *in extremis* une lutte impossible
contre Manby, Wilson, Pelouze père, Pauwelz
et Dubochet, organisateurs en France de l'é-
clairage au gaz, Selligue l'infatigable chercheur,
posait déjà le jalon de l'avenir en nous appre-
nant à tous, en France, la fabrication des huiles
minérales indigènes et la manière de nous en
servir.

J'ai eu l'honneur, à cette époque, d'être ini-
tié à cette industrie par Selligue lui-même;
plus tard j'ai été appelé à connaître à fond
les travaux de Burin Dubuisson, continuateur
de Selligue, dans le bassin d'Autun.

En 1854 je publiai, sur *l'éclairage public et privé en France*, une brochure qui fut reproduite *in extenso* dans certains journaux de l'époque.

Je rappelle ces faits afin qu'on ne m'accuse pas d'inventer aujourd'hui pour les besoins de ma thèse, les arguments, les calculs, les conclusions que j'ai publiés il y a dix ans, bien avant par conséquent qu'il pût me venir à la pensée d'avoir à défendre une industrie éminemment nationale contre une rivale étrangère.

Dans cette simple brochure, que l'on voulut bien cependant considérer comme le travail le plus complet publié jusqu'alors sur la fabrication et l'emploi des huiles minérales, j'avais posé le problème de l'éclairage le plus économique et le plus parfait possible dans l'état actuel ; et je l'avais résolu par l'exploitation de nos matières premières indigènes dans des conditions de bon marché et de perfection absolument identiques à celles dans lesquelles les pétroles d'Amérique sont en train de le résoudre en nous constituant leurs tributaires.

Premièrement, et documents officiels à la main, je démontrais les nombreuses et inépuisables richesses de la France en matières premières de fabrication des huiles minérales, et je donnais pour les principaux gisements la teneur en huiles de la roche brute.

Secondement, et comptabilité d'usines à la main, je démontrais qu'une exploitation fondée sur un capital d'un million, était largement organisée pour traiter par vingt-quatre heures 900 hectolitres de matière première : je cavais au pire, je calculais sur l'exploitation des gisements les plus pauvres de la France, c'est-à-dire rendant en moyenne 3 à 3 1/4 pour 0/0, en huile brute, et je disais :

Frais d'extraction et d'opération sur 900 hectolitres de matière première par vingt-quatre heures,   610 fr.

Intérêt du capital et amortissement, 10 0/0,   303

Total par jour   913 fr.

Dans cette estimation étaient comprises toutes les dépenses annuelles, réparties sur 300 jours de travail effectif.

Quant au profit par vingt-quatre heures de cette mise en œuvre de 900 hectolitres de matière brute, je disais :

730	litres d'essences vives lampantes à 0,90 c. le litre,	657 fr.
230	litres d'huile dense à 0,50 c.,	115
2,000	kilos d'huiles lourdes à graisser, à 0,20 c.,	400
2,960	litres, totaux en huiles,	1,172
300	kilos de produits ammoniacaux,	135
	Total général par jour,	1,307
	A déduire, dépense par jour,	913
	Bénéfice par jour,	394
	— par 300 jours de travail, ×	300
	Bénéfice par an,	118,200 fr.

Nous aurons à voir, toujours comptabilité d'usine en mains, sur quels points le calcul de 1854 s'est modifié en 1864. Retenons seulement que les rendements, les prix de revient et de vente, étaient dès 1854 tels qu'ils viennent d'être énumérés.

Or, c'était moyennant l'huile minérale lampante, livrée au commerce à 90 francs l'hectolitre, que, toujours dans cette même brochure, je faisais baisser de moitié le prix général de l'éclairage en France : pour cela, j'admettais que l'huile minérale fût vendue au consommateur litre pour litre, au prix courant des huiles végétales dont l'emploi dans les lampes à système carcel ou modérateur, représentait alors l'éclairage en même temps le plus parfait et le plus économique. Certes, j'attribuais au marchand en détail le bénéfice qu'il est loin de réaliser sur les huiles de colza et sur les pétroles américains.

Quant au consommateur, je lui présentais son bénéfice net, dans la comparaison photométrique du produit en lumière de la consommation d'un litre de chacune des deux huiles. Certes, je ne sache pas que personne puisse soutenir qu'un litre d'huile indigène ne donne pas en intensité et en durée une somme de lumière *au moins égale* à un litre d'huile exotique ; je ne sache pas que personne puisse soutenir qu'à degré égal d'*épuration imparfaite*, l'odeur des pétroles soit plus gracieuse que celle des schistes ; qu'à perfection égale dans l'épuration, l'emploi de l'une des deux huiles puisse être taxé d'inconvénients de nature quelconque, dont ne pourrait être à bon droit taxée sa rivale ; je reviendrai sur tout cela pour le démontrer.

Donc, j'offrais en 1854, à l'industrie française et, par contre, à celle de toute l'Europe également riche en matière première, le moyen de jouir de tous les bénéfices de l'éclairage à l'huile minérale, sans qu'il fût besoin pour aucun de nous de tirer un seul litre d'huile du sol américain.

Que nous a-t-il manqué en Europe, à nous tous, qui avons échoué dans nos exploitations des boghead, des schistes, des houilles schisteuses ?

Il nous a manqué jusqu'à ce jour ce qui manquait naguère encore en Pensylvanie, au Canada, quand les puits qui font la fortune de ces contrées, faisaient leur désolation depuis des temps immémoriaux, empestant l'air et le sol. Il nous a manqué :

Un lampiste intelligent !

Faites qu'en Europe, un modeste ouvrier ou un physicien savant ait suivi, une lampe à la main, la voie jalonnée par Selligue il y a trente ans ; modifiant l'appareil brûleur selon le progrès obtenu dans la chose à brûler ; et depuis trente ans vous aurez traversé les phases des huiles américaines, depuis les premières lampes mexicaines, puantes et fumeuses, jusqu'aux élégants appareils dans lesquels l'éclairage au pétrole humilie l'appareil à gaz.

III.

Étant donné le lampiste et la matière première, l'Américain s'est mis à l'œuvre : l'Angleterre, partie copartageante de l'avenir, s'est constituée son banquier, son constructeur, son consignataire, son vulgarisateur.

Du port à la source il y a loin ? Le railway rapproche les distances ; il est fait.

Les navires ordinaires sont incendiés dans le trajet ? Des navires en fer à compartiments sont construits *ad hoc.*

Les entrepôts à terre sont dangereux, insalubres ? Des docks flottants sont construits en rade, en rivière.

L'huile brute est infecte, inacceptable ? Tous les savants de l'Angleterre sont convoqués, et le pétrole, conspué d'abord, reparaît limpide au besoin comme l'eau de roche, complétement inodore pendant sa combustion.

L'opinion publique s'est éloignée des huiles minérales schistes, boghead, ou pétroles ? Les plus beaux magasins, dans les plus beaux quartiers, dans toutes les capitales, dans toutes les grandes villes, sont occupés par les marchands de pétrole, imitant le prestidigitateur *à la carte forcée,* par le luxe vraiment digne de succès de leur mise en scène en appareils depuis quinze sous et au-dessus ; on y consomme à l'envi en luminaire splendide le fonds et le revenu du marchand. Avez-vous jamais vu des prodigalités semblables ? Vous êtes-vous demandé pourquoi, comment tant de sacrifices ?

Si non, permettez-moi de vous le dire ; si oui, veuillez m'écouter encore, vous n'avez pas sondé le mystère dans toute sa profondeur.

L'éclairage le plus strictement nécessaire à une famille d'ouvriers travaillant quatre heures par jour, en moyenne, groupée autour d'une seule lampe du plus modeste calibre, dépense 20 litres d'huile minérale par an. Faites le calcul pour l'Europe, à raison du quart de la population par ménage brûlant 20 litres par an; les familles riches dépasseront certainement le contingent assigné à la classe ouvrière.

Pour la France seulement, le monopole visé de la fourniture de l'huile minérale, assure au vendeur, dans un temps plus ou moins prochain, une livraison forcée de deux cents millions de litres d'huile minérale par an. Je dis livraison forcée, car la lampe à pétrole, exclusivement propre au pétrole, aura remplacé dans la plupart des ménages, des usines, des ateliers, des voies publiques, l'appareil à gaz et les lampes à huile végétale de tout genre. Le bon marché est un moyen infaillible. Qui donc imagine de brûler du bois aujourd'hui ?

Le mal n'ira pas jusque-là, soit : supposons-en le quart et réalisons-en les effets sur la classe industrielle et ouvrière, c'est-à-dire sur celle que son budget oblige à la plus sévère économie.

Il plaît un beau jour au fournisseur d'huile

exotique de décréter un impôt, une **vexation**, un surcroît de prix de revient, une grève d'a- teliers, ou bien de n'être plus en mesure de fournir le marché, comme pour les cotons : demanderez-vous à brûle-pourpoint à l'indus- trie indigène un secours que vous lui aurez refusé? Oubliera-t-elle alors le sarcasme et le dédain dont elle aura été victime?

Non : la question des sucres, la question des cotons n'est pas grave à l'égal de ce que sera dans dix ans la question de l'éclairage. Il ne revient à chaque famille 20 kilogrammes par an, ni en sucre, ni en coton.

Qu'en face de ce *spectre noir*, certains écri- vains, certains organes français continuent de composer et de publier des articles en faveur des pétroles, en réservant tous leurs moyens de défaveur contre des schistes, soit; mais aupa- vant qu'ils nous lisent jusqu'au bout, et qu'ils nous donnent des raisons valables de leur déser- tion avec armes et bagages du camp de l'indus- trie nationale.

IV

Ce qui se passe au sujet du pétrole démon- tre bien, une fois de plus, ce que peut l'alliance du génie des affaires avec l'esprit d'ensemble, de tactique, chez un peuple.

La spéculation née infime dans l'idée d'un in- dividu le matin, est déjà l'objet de la pensée, l'entreprise de toute la nation le soir. Immédiatement tout marche d'accord à la mise en œuvre, autant vaut dire au succès de la spéculation.

Dès le lendemain, la spéculation réalisée s'en va à la conquête de tous les marchés du monde. Chez les conquérants, elle a été préparée par la multiplicité des forces convergeant vers l'unité de la résistance ; chez les conquis, elle frappe au nom d'un intérêt général en souffrance.

Partie sous le drapeau de *la liberté commerciale*, elle arrive sous le drapeau de *la jouissance du consommateur*. C'est le même drapeau ayant deux noms synonymes, inscrits chacun sur une face.

Convenons des faits : les garnisons forcent partout les chefs à ouvrir les portes à l'invasion. Cette unité des masses intéressées a donc sa raison d'être. Cette raison, c'est à l'industrie envahie de la faire disparaître.

En attendant, l'industrie étrangère est dans son droit en important du pétrole.

Nous n'avons pas de sources de pétrole à exploiter en concurrence ? soit :

Mais alors, dans ces circonstances, défendons-nous, comme nous l'avons fait contre le monopole des solfatares en exploitant nos montagnes pyriteuses ; comme nous l'avons fait contre le tribut à l'Espagne, à l'Amérique, au Levant, en tirant nos soudes et nos potasses de nos eaux de mer, nos ammoniaques de nos bassins houillers et schisteux.

Créons chez nous, moyennant ce qui nous appartient, *l'équivalent* de l'objet qu'il nous faut et qui nous est importé. Nous n'avons pas de pétrole? mais nous avons des houilles schisteuses, et surtout des *schistes bitumineux*.

Élevons notre production indigène au niveau des besoins de notre consommation; présentons nos produits dans des conditions telles que le consommateur lui-même, qui fait la loi, abandonne de plein gré le produit étranger.

Beaucoup de bons esprits, que je n'ai pas manqué de consulter avant d'écrire, sont tout aussi convaincus que moi; mais ils soutiennent que l'industrie indigène seule est insuffisante pour vaincre la concurrence :

Non pas à défaut de matières premières, nous en avons; mais par l'impuissance de lutter contre certains moyens qui font le succès des pétroles.

Je défendrai ici mon opinion en présentant, telle que je la connais, la situation de l'industrie indigène. Je ne me ferai pas juge de ces convictions respectables; mais j'espère modifier leur opinion sur la valeur des motifs qui sont invoqués.

En tout cas, la cause des huiles minérales françaises n'aurait rien à craindre. Dans un très-grand nombre d'industries, comme dans celle qui nous occupe, la concurrence étrangère aurait pu, ou pourrait être fatale, soit qu'elle tentât de capter la place au moyen de sacrifices temporaires faits en vue d'un monopole prochain, soit qu'elle bénéficiât naturellement de l'existence d'un écart réel dans ses forces productives, comparativement aux nôtres ; mais dans tous les traités de commerce nouveaux, ces hypothèses ont été prévues et réglées en principe, avec une réciprocité digne des parties contractantes.

Toute concurrence, soit déloyale, soit oppressive malgré sa loyauté, est mise hors d'état de nuire à une seule condition : c'est que l'industrie menacée prouve qu'elle est en péril malgré l'emploi de toutes les forces dont elle a pu et peut disposer pour sa défense.

V.

Jetons d'abord un coup d'œil rapide sur les causes de l'avénement des pétroles sur notre marché : un bon diagnostic fait les trois quarts de la cure.

Toute vérité n'est pas bonne à dire ; loin de vouloir froisser personne , j'ai le plus vif désir de rallier toutes les sympathies à la cause des huiles indigènes. Cependant, je crois utile de dire à chacun son fait , surtout à mes amis , pour avoir le droit d'en dire autant, sans les blesser, à ceux qui ne le sont pas.

Je tiens pour coupables au premier chef de l'invasion des pétroles , les Compagnies qui, depuis trente ans, exploitent en France, soit les huiles minérales, soit l'éclairage au gaz extrait

2

de la houille. Tâchons de vider ici à l'avance la série des reproches mutuels qu'on ne manque jamais de s'adresser avant de s'entendre, dans toute réunion , surtout entre amis. Nous attaquerons ensuite nos ennemis avec des forces collectives disciplinées.

Quant aux fabricants d'huiles minérales , je leur fais un grief d'avoir méconnu la puissance de l'action commune dans le but d'un succès commun. Ces industriels se sont paralysés beaucoup plus, suivant moi, en traitant leurs confrères en ennemis naturels, en donnant carrière à de mesquines rivalités entre eux, qu'ils n'ont pu l'être par la concurrence, étrangère ou non. Mais ce n'est là qu'un grief à mentionner pour mémoire, et qui, j'espère, n'aura plus de raison d'être en présence du danger pour tous.

Le reproche capital sur lequel il faut insister jusqu'à satisfaction, repose sur ce que nos industriels ont fabriqué pendant quinze ou vingt ans consécutifs, sans s'être préoccupés de créer des types *invariables* pour chacune des espèces d'huile minérale livrée au commerce.

Depuis vingt ans, chaque usine n'a jamais présenté au consommateur que des huiles différentes le lendemain de celles qu'elle avait pu fournir la veille sous la même dénomination ; et ce qui est plus grave , la variation plus ou moins légère dans les types d'une même usine constituait une gamme des plus confuses sur le marché, où se rencontraient les produits des différentes usines travaillant séparément.

Si bien que le consommateur, après s'être laissé séduire par telle lampe brûlant d'une manière acceptable telle huile minérale livrée ce jour-là par tel marchand, retrouvait le lendemain, chez le même fournisseur, une huile que la même lampe ne brûlait plus.

Ou si l'huile du jour versée dans la lampe sur le résidu de l'huile de la veille, parvenait à brûler, l'éclairage durait *une heure*, puis la mèche charbonnait, la flamme fumait, l'appartement se couvrait de suie et l'atmosphère s'empestait.

Pour mon compte, en ma qualité de vulgarisateur convaincu de l'avenir des huiles minérales, j'ai bien dans mon laboratoire quinze ou vingt lampes de diverses natures, données ou achetées, qui sont là pour prouver qu'aucune d'elles ne saurait me rendre le service d'une chandelle, avant une étude préalable de l'huile qui pourrait convenir à son tempérament, si toutefois cette huile existe encore.

Qu'est-il résulté de cette anarchie dans les hommes et les choses ?

Les consommateurs et les lampistes ont déserté, pour la plupart, la cause de l'éclairage minéral indigène bien avant l'époque de l'avénement des huiles de pétrole ; et sans l'intervention de ces dernières dans les conditions de succès où elles sont apparues *de plano*, la cause des huiles minérales était peut-être à jamais perdue dans l'éclairage.

Car toutes, sans exception à moi connue, les

usines avaient commencé à transformer plus ou moins! eur fabrication, en s'attachant moins à produire des huiles d'éclairage d'une vente de plus en plus douteuse , qu'à produire des huiles applicables à tout autre industrie moins exigeante que celle de l'éclairage pour l'uniformité constante des types.

Donc , en un sens, l'apparition des huiles de pétrole a rendu un service très-sérieux à l'industrie indigène ; malgré la transformation de eur fabrication, les usines ne peuvent pas ne pas produire un stock d'huiles plus applicables à la lampe qu'à toute autre industrie. En conséquence, la beauté des huiles de pétrole a forcé nos producteurs à bonifier leurs huiles *lampantes* qui, sans cela, fussent restées invendables. C'est ainsi que la liberté du commerce amène le mieux, même dans les industries désespérées; c'est grâce à elle que nous pourrons constater qu'en 1864 nos usines marchent dans le progrès, trop lentement en général, sans esprit de corps jusqu'à présent ; mais enfin les schistes n'ont pas disparu du marché devant les pétroles; ils ont lutté, ils sont encore dignes de tout notre intérêt : nous le prouverons bientôt.

Après avoir exposé mes griefs contre l'industrie schistière , je poursuis mon œuvre de conciliation, en formulant ceux que j'attribue à une amie non moins chère , dans les causes déterminantes de l'importation des pétroles.

Selon moi, l'éclairage à l'huile minérale est le complément naturel de l'éclairage au gaz.

Les deux systèmes, réunis d'intentions et de fait, le fort soutenant le faible, auraient dû, dès leur avénement contemporain, progresser ensemble : le gaz faisant les grands services compactes, l'huile minérale se chargeant des petits, isolés, onéreux.

Selligue, appuyé dès ses débuts par les Compagnies du gaz, aurait constitué alors la prospérité des huiles minérales, non-seulement dans leur usage à la lampe portative, mais encore dans l'usage auquel les destinent aujourd'hui les Américains et les Anglais, qui sont en train de nous rapporter l'invention Selligue telle que nous l'avons chassée il y a trente ans, en prodigues que nous sommes.

Qu'importait au début, et plus tard dans l'extension de leurs entreprises, aux Compagnies du gaz, constituées si rapidement en puissance dans l'Etat, ce n'est pas trop dire, d'admettre une matière première indigène de plus, le schiste, à participer avec la houille au service général de leurs monopoles ?

Si les Compagnies avaient accepté cela, l'éclairage général à bon marché daterait de vieux en France ; car j'ai vu, il y a trente ans, des huiles de schiste aussi belles, à aussi bon marché que les plus beaux pétroles d'aujourd'hui. J'en atteste les anciennes Compagnies du bassin d'Autun, j'en atteste M. Burin-Dubuisson et tous ceux qui, comme moi, ont visité dans le laboratoire Selligue l'admirable galerie des produits tirés d'un même schiste.

Au contraire, à toutes les époques de leur existence, les Compagnies du gaz à la houille *se sont trouvées posées* en adversaires heureux des huiles minérales. Elles ont rendu des services éminents, on ne saurait le méconnaître sans ingratitude; mais elles ont à se reprocher d'avoir condamné au néant une magnifique industrie nationale : puissantes par les capitaux, par le talent, par la faveur publique, elles pouvaient, sans nuire à leurs intérêts, contribuer à développer l'intérêt général.

Demandez-moi de préciser, de saisir les Compagnies du gaz en flagrant délit de la plus légère hostilité, j'avouerai que je n'ai pas la moindre preuve à produire. Mais je place la sincérité de mon dire sous la protection de ceux-là mêmes que j'accuse. Dans une cause dont le succès dépend de l'intervention des forts, l'abstention, la neutralité expectante de ces forts contribue à la défaite des faibles, tout autant que des hostilités effectives. Or, les Compagnies ne nous ont pas aidés.

Mais nous l'avez-vous demandé? peuvent répondre les Compagnies du gaz.

A cette question je dois me confesser moi-même : en 1843, si je ne me trompe, j'eus l'honneur de faire quelques travaux d'expertise pour la Compagnie dirigée par MM. Pauwels et Vincent-Dubochet : j'avoue que je passai mon temps à admirer, dans l'usine de la barrière de Fontainebleau, les perfectionnements réalisés par ces esprits si puissamment organisateurs,

et que je ne songeai pas un seul instant alors
à plaider pour mes clients d'aujourd'hui.

Donc il y a des coupables dans tous les
camps. Quoi qu'il en soit :

Selligue a succombé dans ses applications
de gaz carburé à l'imprimerie impériale et à
Strasbourg ;

J'ai succombé dans mes applications de gaz
carburé à l'usine spéciale de l'hôtel des Inva-
lides ;

Tous mes devanciers, tous mes successeurs,
Gillard, Lacarrière et tant d'autres, ont succombé tour à tour dans les essais d'éclairage
au moyen des gaz carburés par les schistes ou
les bogheads.

Nous réclamions le droit de cité pour un
principe vrai. Qu'en réalité il y eût des tâtonne-
ments, des imperfections, dans une première
mise en œuvre, qu'importait ? Il fallait nous
maintenir, en employant à nous guider, l'im-
mense talent qu'on a dépensé pour nous
abattre. Car tel devrait être, selon moi, le rôle
de la science officielle quand elle intervient
dans les questions d'industrie. Dans ces circonstances, une simple tolérance de la part de
ceux qui réclamaient une sentence de proscrip-
tion, un peu d'appui de la part de ceux qui
jouissaient des droits de grande bourgeoisie,
auraient servi l'intérêt public plus efficacement
peut-être qu'une condamnation prématurée,
même étant juste.

Je ne récrimine pas, je dis : le moment serait

venu, pour les Compagnies du gaz, de tendre généreusement, les premières, puisqu'elles sont les puissantes, la main à l'industrie des huiles minérales indigènes, dont elles peuvent utiliser les services sans jamais avoir à les craindre.

Il est probable qu'une fois les réseaux des chemins de fer terminés, qu'une fois la réforme du régime des canaux et de la batellerie accomplie, le principal élément des bénéfices dans la fabrication du gaz à la houille sera soumis à une concurrence légitime. Les centres de charbonnages offriront sans doute alors, sous la forme de coke, les menus de leurs immenses exploitations. Une dépréciation sur le prix vénal du coke dans la circonscription d'une usine à gaz, c'est pour les Compagnies la nécessité, ou bien de changer la matière première actuelle, ou bien d'augmenter le prix de l'éclairage ; or, la liberté industrielle sera là pour garantir les droits des consommateurs, soit du coke, soit de l'éclairage.

VII.

SITUATION EN 1864 DE L'INDUSTRIE DES HUILES MINÉRALES EN FRANCE.

Les usines schistières se divisent en trois catégories : les unes possèdent à la fois le schiste à distiller et la houille à brûler pour la distillation, dans la même mine, sur la même place ; les deux matières premières faisant l'objet d'une seule concession , dans la main des mêmes concessionnaires exploitant par eux-mêmes.

Les autres sont concessionnaires du schiste seul, et le charbon sous-jacent appartient à d'autres concessionnaires séparés par des intérêts distincts , mais se prêtant un mutuel appui.

Enfin , certaines usines sont assises sur un bassin seulement schisteux , et leur approvisionnement en charbon est fait par des houillères plus ou moins éloignées de l'usine.

Il est clair que , *toutes choses étant égales d'ailleurs*, les premières usines jouissent d'un avantage incontestable et qu'elles seraient privilégiées au point de vaincre toute concurrence indigène sur un marché qui serait , comme le nôtre est menacé de l'être bientôt, restreint dans ses besoins à la force productive de l'une seulement des usines rivales. A ce compte , les concessions de *la Courolle* et de *Buxière-la-Grue* (Allier) n'ont pas cessé d'être au premier rang que je leur avais assigné dans ma brochure en 1854. Là en effet, la main-d'œuvre effectuée pour extraire le schiste rend pour ainsi dire gratuite l'extraction du charbon, et *vice versa*. Les concessions voisines *la Sarcelière* , *les Plamores* , dans le même bassin , participent plus ou moins complétement des incontestables éléments de prospérité que je viens de signaler. Aussi il faut bien dire que si ces usiniers avaient pu s'entendre entre eux, ils n'auraient pas payé les frais de la chasse aux clients.

Toutes choses égales d'ailleurs, ai-je dit : mais cette égalité n'existe pas. Tel bassin schisteux rachète sa moins-value, quant au charbon, par sa plus-value sous d'autres rapports. Ainsi le *bassin d'Autun* se soutient dans l'importance de ses livraisons sur notre marché restreint, quoique le charbon rendu à ses usines revienne à 1 fr. 30 c. environ par hectolitre.

Les procédés, l'outillage, différents entre eux d'une usine à l'autre, contribuent aussi à modifier les prix de revient de chacun, de même qu'à modifier les types suivant les provenances.

Tout cela explique comment chaque usine garde ses clients, subsiste avec ou sans bénéfices ; mais cela explique aussi comment il serait impossible de résister à l'unité de forces, à l'unité de type de l'industrie des pétroles, si l'anarchie de l'égoïsme persistait à résister à la loi du temps présent, c'est-à-dire à mettre l'unité des moyens pour atteindre l'unité du but, à la place des us et coutumes du temps passé.

Nos concessions schistières sont généralement beaucoup plus vastes et plus riches que ne le comporteraient les exploitations ouvertes sur chacune d'elles : là où existe une usine seule, livrant annuellement une production totale variant entre huit et quinze mille hectolitres d'huile minérale brute, on pourrait en installer dix, sans craindre de voir la richesse schistière s'épuiser en France par le surcroît

d'extraction, d'une manière plus compromet-
tante qu'à la suite des emprunts enfantins faits
aujourd'hui à ces concessions.

Selon nos anciennes mœurs industrielles,
chaque usine faisant de l'huile brute, veut avoir
son usine de rectification. A ce propos je voudrais
citer un exemple, s'il vous plaît de me per-
mettre de sortir d'une fastidieuse uniformité,
dans un sujet aride quoique très-intéressant.

Vous savez comme moi que nous possédons en
France un bon nombre de mines de cuivre ;
savez-vous pourquoi aucune des Compagnies
fondées pour leur exploitation n'a pu tenter,
sans se ruiner, de présenter sur notre place,
ses cuivres en concurrence des produits Anglais ?

« Question de combustible, allez-vous me
répondre? » Non ; selon moi, ce n'est pas cela ;
question de génie industriel ; question d'usine
de rectification comme vous allez le voir ; minerai, huile brute, sont ici synonymes.

Chaque minerai de cuivre porte sa gangue
spéciale : celui-ci est éminemment quartzeux,
et pour le fondre, il faudra augmenter la masse
à réchauffer en y ajoutant 10, 20, 30 pour 0/0
en poids de *calcaire*, de *castine*, sans laquelle
addition le minerai ne fondrait pas. Celui-là,
au contraire, est éminemment alumineux, calcaire, carbonaté ; et pour le fondre, il faudra
augmenter la masse à réchauffer en y ajoutant,
10, 20, 30 pour 0/0 en poids de *sable*, sans
laquelle addition le minerai calcaire ne fondrait

pas plus sans *quartz*, que le minerai quartzeux n'aurait fondu sans *chaux*. Ainsi de suite pour toutes les espèces de minerai qui, mis au four tels que les donne la nature, ne céderaient pas le métal sans l'addition d'un *fondant* destiné à produire le *laitier*.

Or, à l'instar des concessionnaires de nos mines de schiste, les concessionnaires de nos mines de cuivre ont voulu avoir chacun chez soi, et pour soi, une belle et bonne fonderie pour son propre minerai, sacrifiant qui pour le charbon, qui pour la castine, qui pour le sable, etc., tout le nécessaire pour créer une exploitation indépendante, complète, et par conséquent de premier ordre.... En France, on s'y ruinait comme je vous ai dit.

Pendant que les actionnaires français avaient ainsi la gloire de répondre aux appels de fonds, au lieu de répondre à des appels de dividendes, voici ce que faisaient les Anglais :

Ils ouvraient dans le pays de Galles, *à Swansea*, un marché commun à tous les minerais de cuivre de l'Angleterre et à ceux de tous les pays du monde. Là des experts chimistes étaient chargés de titrer chaque espèce de minerai arrivé dans le mois, tant en teneur en métal qu'en nature de gangue. Ils préparaient à l'assemblée des fondeurs, un tableau indiquant le meilleur dosage des divers minerais présents, nécessaire pour obtenir uniformément le meilleur point de fusion, le meilleur laitier, le meilleur métal, sans qu'il fût besoin d'ajouter à la masse ainsi dosée, ni un atome de sable, ni un atome de chaux ou autre élément complémentaire pouvant augmenter la masse à fondre , à travailler.

En sorte que chaque minerai , l'un portant l'autre, comme l'aveugle et le paralytique de la fable, trouvait dans l'association des misères individuelles, à s'élever au rang de minerai parfait. Dès lors, pas de corps parasites à chauffer, à engraisser d'une partie du rendement en métal, suivant la loi des laitiers. Economie de frais, augmentation de produit, tel était le résultat de la méthode *galloise*.

Et les types des cuivres anglais étaient établis.

Et les cuivres anglais fournissent la France; et la cote anglaise fait la cote française.

En 1852, j'ai dit à l'industrie des cuivres ce que je dis aujourd'hui à l'industrie des schistes :
« Il ne s'agit pas pour faire du cuivre français,
» d'appliquer la méthode galloise sur telle ou telle
» mine française; il s'agit de créer, au centre
» d'un bon bassin houiller français, à cheval sur
» un réseau de chemins de fer et de canaux,
» un marché de *Swansea* pour y réunir tous
» les minerais français, et d'appliquer la mé-
» thode galloise dans des fonderies qui brû-
» leront en France, sur place, de la houille à
» 5 francs la tonne, comme les fonderies gal-
» loises. »

Mais, grand Dieu ! demander à un producteur de minerai de vendre, *à bénéfice*, son cuivre à

l'état de minerai! autant vaudrait demander à
la routine de sourire aux innovations. Je ne
sache pas que les mines de cuivre se soient
converties depuis 1852.

Donc, pour en revenir à nos schistes, pour
créer de bons types d'huile minérale française,
et surtout pour faire ses affaires en vendant à
bon marché, il ne s'agit pas trop *d'alam-
biquer*, chacun chez soi, sous la magie d'un
bon petit *secret*, chacun son petit contingent
d'huile brute, pour en tirer chacun son petit
contingent d'huile rectifiée, qui ne ressemblera
à celle de personne.

On a bien ainsi sa petite usine, sa petite surface de spéculation, ses petits clients, son grand
amour-propre et ses nombreux actionnaires;
mais tout cela n'empêche pas de trembler devant l'ombre portée d'un baril de pétrole hissé
à bord dans le nouveau monde.

Si telle est en général la situation en 1864
de l'industrie schistière, il y a, Dieu merci,
quelques exceptions. Je me suis engagé à démontrer que *si nous voulons, nous pouvons :*
je passe immédiatement à ma démonstration,
sans craindre de m'être affaibli en dévoilant nos
petites misères.

VIII.

PUISSANCE INTRINSÈQUE DE L'INDUSTRIE INDIGÈNE, CONTRE L'IMPORTATION ÉTRANGÈRE.

Ce chapitre n'est en réalité que la continua-
tion du précédent. Le titre spécial que je lui

donne comprend d'abord le bilan de quatre années les plus calamiteuses de la lutte entre les
schistes et les pétroles, 1861, 1864. Nous nous
mesurerons ensuite dans l'avenir.

Certes si je démontre que, pendant cette
guerre d'extermination, telle Compagnie enga-
gée corps à corps s'est enrichie malgré les
frais de la guerre , a doublé le chiffre de sa
production et de ses ventes, malgré la concurrence, je n'aurai pas grand'peine à trouver
les auxiliaires nécessaires pour renvoyer le pétrole d'où il vient.

Ici je parle de ce que je sais bien et de ce
que je pourrais prouver pièces en mains.

Mon argumentation roulera sur des documents concernant l'exploitation du bassin que
je connais le mieux. La gravité du sujet doit
me couvrir de tout reproche d'indiscrétion d'une
part, et de népotisme d'autre part.

Vers la fin de l'année 1861, les Compagnies fondées sur ce bassin ne jouissaient pas
encore des améliorations des routes dont elles
commencent à éprouver les bienfaits ; elles
étaient surchargées en matériel, en temps perdu,
en difficultés de tout genre, de frais de transport qui absorbaient dans le trajet de 13 kilo-
mètres, entre les usines et le chemin de fer,
le prix du transport d'une tonne de pétrole
du Havre à Paris sur les remorqueurs, et *peut-
être* d'Angleterre à Paris.

Les tarifs des lignes de chemins de fer étaient
d'une rigueur qui tend à disparaître et qui

disparaîtra quand d'une part l'importance capitale des bassins schisteux une fois appréciée aura déterminé la direction de voies nouvelles dans leurs environs, et, d'autre part, quand la mutualité d'intérêt sera mieux établie entre les exploitations et les chemins de fer.

La baisse des prix de vente causée par les huiles de boghead d'abord, par celles de pétrole ensuite, sévissait au maximum sur les huiles de schiste. L'industrie n'avait pas appris encore à utiliser tous les bas produits de l'exploitation des schistes; enfin on travaillait dans tout le bassin comme on le fait encore, *à produits ammoniacaux perdus*.

Donc en 1.861-64, les forces productives étaient plus faibles qu'elles ne le seront jamais, même en supposant le maintien des pétroles sur le marché; les pétroles se sont imposés, dans cette période, par des prix plus bas qu'ils ne sont maintenant; plus bas, j'en suis sur, qu'ils ne le seront jamais, à moins de sacrifices à perte.

Telles sont les conditions dans lesquelles je prends la Compagnie que je connais le mieux pour champion de l'industrie des huiles minérales indigènes. Je ne nomme pas cette Compagnie, mais je suis certain qu'en cas de sommation de fournir mes preuves, il y en a plus d'une qui viendra revendiquer le droit de certifier la sincérité du tableau suivant.

État de fabrication des huiles de schiste, dressé sur la comptabilité d'une usine française travaillant à produits ammoniacaux perdus.

ANNÉES.	1861	1862	1863	1864
Un hectolitre de schiste rend en huile brute, 0/0.	5 15	5 16	5 09	5 10
Progression des quantités d'huile brute soumises à la rectification..........	100	196	204	260
Un hectolitre d'huile brute rend en produits marchands de toute nature	81 0/0	80 0/0	78 0/0	79 0/0
Prix de revient d'un hectolitre d'huile brute en francs................	20 34	20 74	19 40	15 80
Un hectolitre de produits marchands coûte : En huile brute........	25 02	25 93	24 56	19 91
En frais de rectification.	17 19	12 52	10 63	9 74
Prix de revient d'un hectolitre de produits marchands en moyenne......	42 21	38 45	35 19	29 65
Bénéfice moyen réalisé par hectolitre de produits marchands...............	3 20	4 58	3 11	5 78
Total égal au prix moyen des ventes réalisées.	45 41	43 03	38 30	35 43
Le bénéfice réparti sur le capital engagé, a représenté, 0/0...............	4 55	3 80	2 37	5 77

Faisons parler les chiffres de ce tableau. Analysons d'abord les faits survenus pendant cette période de quatre années d'une lutte soutenue par une usine française déterminée à se défendre.

En 1861, le prix de revient de l'huile brute était de 20 fr. 34 c. ; il descend graduellement et tombe en 1864 à 15 fr. 80 c. Différence par hectolitre, 4 fr. 54 c., soit, 22,32 0/0.

Voici pour la matière première ; admettons que ce soit là le dernier mot.

En 1861, le prix de revient de la rectification de 125 litres d'huile brute était de 17 fr. 19 c. ; il tombe en 1864 à 9 fr. 74 c. Différence, 7 fr. 45 c., soit, 43,33 0/0.

Voici pour les frais de transformation de la matière première en produits marchands, et ce n'est pas là le dernier mot, tant s'en faut.

En 1861, le mouvement de l'exploitation en huile brute étant représenté par 100, s'est élevé en 1864 au nombre relatif de 260, c'est-à-dire que la fabrication, et par conséquent les ventes en hectolitres, a passé du simple aux environs du triple. Certes ce n'est pas là le dernier mot de cette usine, en supposant que l'esprit de division persiste entre les usines rivales de même genre ; c'est le premier mot de l'industrie indigène, si l'esprit de solidarité mutuelle répond à mes sollicitations.

En 1861, le prix de vente moyen des produits marchands était de 45 fr. 41 c. par hectolitre, et sur ce prix on gagnait 3 fr. 20 c. Le prix de vente moyen de la même quantité de produits est aujourd'hui de 35 fr. 43 c., et sur ce prix on gagne 5 fr. 78 c.

Or, le pétrole exotique en est à son dernier mot ; déjà même il ne soutient plus les rabais qu'il a offerts à son début ; *il a besoin de relever les prix de vente, car il les relève.*

Voici pour ramener le spéculateur le plus endurci vers l'industrie nationale.

Que conclure dans ce premier ordre d'idées ?

Quant au pétrole exotique, nous l'avons poursuivi dans ses derniers retranchements, dans la mesure des forces d'un seul. En attendant le *tolle général*, nous l'avons battu à mort, individuellement corps à corps, lui dans la plénitude de ses moyens de succès ; nous pouvons donc l'anéantir en masse, si nous voulons marcher d'ensemble à l'unité du but.

Quant au pétrole, quant au boghead, *nationalisés :* sous le régime du *statu quo* ils n'existent, ils ne continueront d'exister que sous le bon plaisir de leurs similaires américains ou anglais. Quand il plaira à la spéculation étrangère de faire, sans autre raison que l'intérêt étranger, la hausse sur la matière première, la baisse sur les produits marchands, les usines françaises de ce genre seront condamnées au chômage ou seront rançonnées pour ne pas perdre une existence toujours précaire.

« Entendez-moi, Messieurs ; cessez de faire » cause commune avec l'industrie étrangère con-

» tre l'industrie nationale. On vous laisse au-
» jourd'hui gagner de l'argent, si vous en ga-
» gnez, parce que vous faites, en ce moment,
» fonction du mineur qui sape en dedans,
» pendant que l'ennemi sape en dehors.

» Voulez-vous que la matière première étran-
» gère ne vous manque jamais? Voulez-vous
» être maître avec nous, de la cote chez nous,
» soit du boghead, soit du pétrole brut? Soyez
» avec nous, faites-nous forts dans la mesure
» de vos forces.

» Doutez-vous du succès? Voyez plutôt :

» L'huile minérale brute indigène est à
» 15 francs, supposez-la à 25 francs ; l'huile
» brute étrangère est à 50 francs aujourd'hui,
» demain elle sera à 60 francs : vos capi-
» taux, votre talent, vos usines, ont à spé-
» culer sur *deux* tonnes de matière première
» française, tandis qu'on spécule sur vous,
» sur nous, en vous vendant pour la même
» somme *une* tonne qu'on ne vous vendra
» peut-être plus dès demain. »

Continuons de raisonner sur le tableau qui
précède. Les chiffres qui y sont inscrits parlent
aux hommes spéciaux avec une clarté suffisante ; mais je n'en crois pas moins devoir ex-
pliquer par ses vraies causes un succès qui ne
peut pas étonner celui qui l'avait prédit en 1854,
mais qui semblera prodigieux à ceux qui enten-
dent constamment décrier cette belle industrie.
Cette explication, d'ailleurs, prépare très-heu-

reusement les conclusions que je poserai à la fin de ce travail devant le monde industriel de l'Europe.

La compagnie qui me sert d'exemple avait été fondée sur les bases de premier établissement suivantes :

1° Des concessions faisant partie d'un riche et vaste bassin, susceptibles d'une exploitation annuelle correspondant à 50,000 hectolitres d'huile minérale ;

2° Des constructions et dépendances pour aménagements, bureaux, ateliers, etc., correspondant en importance à celle des concessions ;

3° Une usine de rectification, pour 10 à 20,000 hectolitres de produits marchands annuellement ;

4° Enfin, une usine de première de distillation pour 5 à 6,000 hectolitres d'huile brute par an.

En 1860 cette compagnie en était, dans sa production en huile brute, à une quantité proportionnelle représentée au tableau par le nombre 100. Dans ces conditions elle changea d'administrateur.

Il n'y a pas qu'en Angleterre des hommes sachant envisager une situation : toutes les plaies furent sondées, et mises à nu. On découvrit : des concessions, des constructions, dont on ne tirait rien ou presque rien, et cependant impossibles à réduire; une usine de rectification condamnée à chômer la plupart du temps dans son matériel, dans son personnel, et cependant indispensable dans sa superfétation d'agencement. A certains jours périodiques, il ne fallait pas moins, en effet, de tout cet agencement pour traiter *en grand* une quantité accumulée d'huile brute suffisante pour que les vices inséparables des traitements *en petit* ne vinssent pas distinguer les produits en les rendant invendables. On découvrit que, tout en employant les mêmes procédés en grand, il y avait impossibilité de réussir également, de créer des types constants, au moyen d'appareils et d'ouvriers passant du repos — leur condition *habituelle* — au mouvement, leur condition *accidentelle;* on découvrit, enfin, tant pour la fabrication de l'huile brute que pour la rectification de celle-ci, que des frais généraux ainsi qu'un capital de premier établissement énormes, étaient en disproportion ruineuse avec l'exiguïté de la production.

En un mot, avec un prix moyen de vente de 45 fr. 41 c., une des plus belles exploitations donnait à son capital 1 fr. 55 c. de revenu 0/0, au moment où la concurrence s'était organisée plus formidable que jamais.

C'est bien ici le cas de le dire : un bon diagnostic fait les trois quarts de la cure. En effet, l'homme suffisamment doué pour définir le mal avec certitude, est généralement doué d'une main assez audacieusement sûre pour achever l'œuvre qu'il a commencée.

C'est ainsi que, soit par des achats chez des voisins, soit par des installations de nouvelles usines, la quantité d'huile brute passe du nombre proportionnel 100 au nombre proportionnel 260; que le prix de revient passe de 20 fr. 34 c. à 15 fr. 80 c.

C'est ainsi que les frais d'usine de rectification passe de 17 fr. 19 c. à 9 fr. 74 c.; et que le bénéfice augmente à mesure que le prix de vente diminue.

C'est ainsi enfin que le revenu du capital passe de 1 55 à 5 77 0/0, et qu'il sera quatruplé quand l'usine de rectification fonctionnenera en plein sans chômage. Quant à la qualité des produits livrés au commerce par cette compagnie, ce n'est pas un chimiste qui la certifie, c'est le consommateur : il était libre de choisir le pétrole ou le boghead; il n'a pas laissé un kilogramme d'huile de schiste en stock ; et dans cette clientèle attitrée, satisfaite, se trouve l'administration des phares de l'État.

En personnifiant, dans une compagnie que je connais bien, l'industrie schistière en 1864, j'ai la conviction d'avoir fait le tableau d'un grand nombre d'exploitations que je connais moins, ou que je ne connais pas.

Si mon but avait été purement et simplement de prouver que certaines compagnies peuvent vivre et vivront, quoi qu'il advienne de l'invasion du pétrole, je n'aurais plus rien à dire, la tâche que je me serais imposée serait acccomplie. Mais tel n'est pas mon but.

Si mon but avait été de favoriser un intérêt privé sous le masque de l'intérêt général, je me serais étrangement fourvoyé en publiant tout ce que je viens d'écrire sur une compagnie qui se porte très-bien dans le présent, et qui n'a qu'à gagner à se taire. Dans les temps de grandes secousses industrielles, les forts ont tout intérêt à garder un silence absolu sur leur force, à moins qu'ils ne veuillent, avec moi, placer des vigies pour empêcher leurs faibles rivaux d'être engloutis par le flot qui se rue du nouveau monde sur l'ancien. Il y a dix ans, j'ai décrit l'industrie du schiste, telle que je la décris aujourd'hui : riche dans le présent, plus riche dans l'avenir; capable de résister aux attaques les plus violentes du dedans et du dehors ; car elle est maîtresse de sa matière première, et ses produits sont des objets de la plus grande nécessité en même temps que de la plus grande consommation.

Je fais ici un appel aux usines de tous les pays solidaires dans cette grande cause ; il faut que le voile qui masque l'authenticité de mes preuves disparaisse en laissant voir les noms de toutes les compagnies qui ont leur place dans le tableau que j'ai fait de l'une d'elles.

Le secret est l'âme des affaires, oui ; mais il

y a secret et secret. Il y a celui de l'égoïsme
qui, en se sauvant, pourrait sauver tout le
monde, et qui se sauve seul. Il faut qu'on
parle; cela est nécessaire, indispensable, pour
que le spéculateur, l'économiste, sachent
quelles sont les autorités qui affirment, preuves en mains, que je disais vrai en 1854; que
je dis vrai en 1864, quand je prétends que
nous pouvons fonder chacun chez nous par des
richesses nationales vraies, l'organisation dont
il me reste à developper les bases et les résultats.

IX.

ORGANISATION DE L'INDUSTRIE DES HUILES MINÉRALES EN EUROPE, AUX DIVERS POINTS DE VUE DE LA LIBERTÉ DE L'ÉCLAIRAGE PUBLIC ET PRIVÉ; DU DÉVELOPPEMENT DE L'AGRICULTURE; DE LA MUTUALITÉ D'INTÉRÊT QUI DOIT SOLIDARISER CERTAINES INDUSTRIES PLUS OU MOINS SIMILAIRES.

Me voici au moment de mettre en œuvre
tous les matériaux recueillis, toutes les idées
émises dans les chapitres qui précèdent. J'ai pu
paraître enclin à la digression, à l'anecdote ;
mais sous cette apparence oiseuse, sous cette
forme qu'on appelle à son aide, quand on
craint pour ses lecteurs ce terrible ennui dont
Boileau fit la genèse, je crois n'avoir pas dit
un mot qui ne renferme une application utile.

Grâce à la prolixité des développements donnés jusqu'ici, je crois avoir acquis le droit d'être bref désormais, sans pour cela laisser l'ombre la plus légère obscurcir un point quelconque réclamant la plus éclatante lumière.

Les huiles minérales d'Amérique peuvent-elles faire concurrence aux huiles minérales indigènes?

Non, cent fois non! Avant qu'il en soit ainsi, « un tonneau d'eau du Mississipi fera concurrence à un tonneau d'eau, de Seine à Paris, du Danube en Allemagne, » nous sommes déjà tous d'accord.

La preuve est faite pour la seule puissance de l'industrie indigène, prise dans les forces productives dont elle dispose isolément dans le temps présent. Eh bien! cela ne me suffit pas. Je veux soumettre ces mêmes forces réunies en faisceau, au grand dynamomètre international.

Organisation de l'exploitation des schistes.

Chaque bassin, quels que soient le nombre et la valeur relative des diverses concessions qui s'en partagent l'étendue, doit être exploité par une seule administration centrale de *rectification*; la fabrication d'huile brute doit être effectuée par une série plus ou moins nombreuse d'*usines volantes* chargées d'alimenter l'usine centrale de rectification. Unité d'intérêts et de

forces, division du travail : voilà en deux mots
l'organisation forcée de toutes les industries à
notre époque.

Usines volantes. Je désigne ainsi l'agencement de vingt-quatre à trente fours de première distillation, *bâtis sur place*, avec hangars,
refrigérants , etc. , en matériaux facilement
transportables de tel périmètre épuisé, à tel
autre périmètre voisin à exploiter.

Un exemple concluant m'a démontré qu'une
usine de ce genre montée pour produire 5,000
hectolitres d'huile brute par an, peut être établie moyennant 100,000 francs, et que son dé-
placement peut être effectué moyennant 20,000
francs.

Résultat du système : la surface du sol
qu'il a fallu exproprier pour l'exploitation du
fonds, sert de dépôt pour les résidus, en sorte
que le schiste cuit comble les vides opérés par
le schiste cru. Le wagon qui apporte de la
mine à l'usine, emporte de l'usine à la mine.

Le champ exploité peut ainsi être immédiatement rendu à la culture, et converti, par
exemple, en bois taillis. L'*acacia*, entre autres,
y prospère admirablement, et chacun sait com-
bien sont précieuses les coupes triennales de ce
végétal arbre ou arbrisseau. Ces remblais sont
d'autant plus nécessaires et faciles que la plupart du temps les schistes sont exploités à ciel
ouvert.

Les eaux de la mine sont généralement suffisantes pour alimenter largement l'usine et les refrigérants.

Etant donné un périmètre de 500 mètres de rayon pour chaque usine volante et un bassin schisteux au rendement en huile brute de 5 0/0, les transports perdent l'importance capitale qu'ils ont dans le système ordinaire : on laisse sur place fort utilement 90 0/0 de la masse à transporter du chef du schiste cru. On envoie à l'usine centrale 5 0/0 en huile brute, 5 0/0 en eaux ammonicales.

En cavant au pire, en admettant que le combustible doive arriver du dehors, on ne transporte jamais que 20 0/0 de houille de l'usine centrale à la mine ; mais rien n'empêche de faire arriver la houille directement sans surcroît de frais.

Quant à la surface du sol à exproprier, on évite de laisser en état de bouleversement et de stérilité les surfaces qui ont fourni les tréfonds ; on évite l'expropriation des surfaces autour des usines centrales ; on ne perd plus ainsi ces nouvelles surfaces en les affectant, comme aujourd'hui, uniquement au dépôt des schistes cuits.

Par le système des usines volantes, le prix de revient de l'huile brute, frais d'entretien et frais généraux compris, est descendu dans l'usine qui m'a servi d'exemple, à 15 fr. 80 c. pour 1864.

Ce prix de revient descendra à 12 à 11
francs quand une organisation générale digne
de cette brillante industrie permettra de subs-
tituer, dans les terrassements, dans l'extraction et le cassage des schistes, les machines
aux bras de l'homme ; des ouvriers expéri-
mentés dans l'usage des machines, et des bras
embauchés de la veille et novices dans un travail exceptionnel.

Quel que soit le régime financier adopté pour
l'administration générale du bassin, chaque
usine de première distillation doit vendre à
prix ferme ses produits à l'usine centrale de
rectification. Du prix de revient au prix de
vente, chaque usine volante peut se constituer
un bénéfice de 5 francs par hectolitre d'huile
brute livrée, à la seule condition de donner
gratis à l'usine centrale ses eaux ammoniacales
et son surcroît en schistes cuits; moyennant ce
bénéfice, chaque concession, quoique solidaire,
conserve son indépendance et se trouve dans
un état de prospérité qu'elle n'a jamais eu,
qu'elle n'aura jamais dans le système actuel.

Usines centrales de rectification. L'expé-
rience démontre qu'il n'y a pas ou qu'il y a
peu à tirer parti individuellement des produits
ammoniacaux, tant dans les petites usines à
gaz que dans les petites usines à schiste : aussi
travaille-t-on généralement à produits ammoniacaux perdus. Chacun sait, au contraire, avec
quel profit pour elles et pour l'intérêt public,

les grandes usines à gaz tirent parti de ces produits perdus.

Les grandes usines centrales de rectification des schistes seront donc en mesure de suivre les errements des grandes usines à gaz, sans que pour cela on puisse craindre que l'abondance de ces produits provoque une baisse dans les prix de vente. L'agriculture seule, qui achète l'azote à 3 francs le kilogramme sous forme de guano, ne laisse jamais l'offre dépasser la demande.

Les exploitations schistières sont d'autant mieux placées pour la fabrication des engrais ammoniacaux, qu'elles possèdent dans leurs *schistes cuits*, dans leurs *eaux acidulées* des éléments de fabrication que ne possèdent pas les usines à gaz.

Quand on voudra fabriquer, au point de vue de l'agriculture, un engrais puissant, économique, indigène, on manipulera tout simplement les résidus acides, les résidus ammoniacaux avec les schistes cuits ; et les chemins de fer ne laisseront pas un mètre cube de cet engrais dans le périmètre des bassins schisteux. Les bassins schisteux desserviront les besoins de l'agriculture, en laissant aux industries similaires le soin de desservir les besoins spéciaux en produits chimiques ammoniacaux proprement dits.

Résultats du système : des types constants, définis, appartiennent aux produits de tout un bassin d'abord, de tous les bassins exploités bientôt. Dès lors le commerce des huiles minérales indigènes se constitue sur les bases d'un succès permanent inattaquable par la concurrence étrangère.

La grande spéculation trouve matière à l'emploi de ses capitaux, de son génie des affaires : l'administration centrale de tout un bassin est déjà une opération importante ; l'association de toutes les administrations centrales est une opération de premier ordre ; nous allons en juger.

Sans nous arrêter aux résultats partiels obtenus par une usine livrée à ses forces individuelles sous le régime de la lutte à outrance, qu'elle a soutenue si victorieusement, plaçons-nous dans la situation normale telle que l'union doit nous la donner.

Nous attribuerons aux usines de première distillation le bénéfice de 5 fr. par hectolitre d'huile brute, et nous fixerons à 20 fr. par hectolitre le prix de revient de la matière première rendue à l'usine centrale. Nous fixerons à 10 fr. le prix de la rectification par hectolitre de produits marchands.

Nous aurons ainsi pour prix de revient :

125 litres d'huile brute à 20 fr.,	25 fr.
Frais de rectification,	10
Prix de revient moyen,	35 fr.

Personne n'ignore, personne ne contestera que d'un hectolitre d'huile brute on retire :

En huiles lampantes,	42	0/0
— grasses	21	
En paraffine,	1	
En goudron sec,	15	
Total,	79	
Déchet de fabrication,	21	
Total égal,	100	0/0

Attribuons à chacun de ces produits un prix de vente si bas que le consommateur n'en ait jamais vu de pareils; si bas que ni pétrole ni boghead, soit exotiques, soit nationalisés, ne puissent jamais les atteindre ; par exemple :

Litres.	Prix de vente.	Sommes produites.
42 huiles lampantes,	55 fr.,	25,20
21 grasses,	20	4,20
1 paraffine,	80	0,80
15 goudron sec,	10	1,50
79		31,70 c.

Le prix de vente moyen sera :

$$\frac{31,70}{79} = 40,10 = 40 \text{ francs.}$$

Etant donné dans l'éclairage général : aux usines à gaz et aux autres systèmes de luminaire,   80 0/0

A l'éclairage pour les huiles minérales, 20

       ———

       100

L'industrie des huiles minérales aurait à fournir annuellement 420 à 430,000 hectolitres d'huiles lampantes. En conséquence, les nombres ci-dessus deviennent les suivants :

> Hectolitres.
> 420,000 lampantes.
> 210,000 huiles grasses.
>   10,000 paraffine.
> 150,000 goudron mi-sec.
> ———
> 790,000 en produits marchands.

Le produit de revient étant de 35 francs, le mouvement annuel de fonds s'élève à *vingt-huit millions* qui passeront ou non à l'étranger.

A raison de 5 francs de bénéfice par hectolitre d'huile brute livrée, les usines volantes gagnent annuellement *cinq millions* qui suivront ou non les premiers 28 millions.

A raison de 5 francs de bénéfice par hectolitre de produits marchands vendus, les usines centrales gagnent 3,950,000 francs, lesquels,

réunis aux bénéfices sur les produits ammoniacaux, rétablissent la parité avec les usines
volantes : encore *cinq millions* qui rejoindront
ou non les 33 millions précédents.

A qui vendre tout cela?

Au prix indiqués ci-dessus, tout ce qui sera
à vendre sera vendu : ces prix sont l'expres-
sion extrême de la plus grande somme de
luminaire , de combustible , de matières à
graisser, à bitumer, etc., que jamais consommateur ait eu à sa disposition en payant 30
à 50 0/0 plus cher.

———

CONCLUSION.

Il s'agit pour la France d'une ·question de **quarante millions** par an à payer à l'étranger ou à retenir dans les mains de l'industrie indigène.

La question posée en France se pose dans les mêmes termes dans tous les États de l'Europe, moins l'Angleterre.

Il s'agit de soustraire le vieux monde au servage que lui prépare le nouveau. Les années se marquent aujourd'hui par les progrès d'un siècle d'autrefois.

« Avant qu'il soit dix ans, si nous n'y met-
» tons bon ordre, l'éclairage public et privé en
» Europe sera soumis à des crises périodiques
» dont les effets dépasseront ceux du blocus
» continental pour les sucres, ceux de la
» guerre d'Amérique pour les cotons. »

Si nous laissons à la gigantesque spéculation de l'Amérique et de l'Angleterre le temps d'amortir à nos dépens ses frais de premier établissement ; dans dix ans, la chaumière du pauvre, le palais du riche, l'atelier privé, la grande manufacture, tout en Europe paiera tribut à l'incarnation du spectre noir.

PARIS.—IMP. CENTRALE DES CHEMINS DE FER DE NAPOLÉON CHAIX ET Cᵉ, RUE BERGÈRE, 20. — 3680.

183